Das Tierreich

Eine Zusammenstellung und Kennzeichnung der rezenten Tierformen

Gegründet von der Deutschen Zoologischen Gesellschaft

Im Auftrage der

Preußischen Akademie der Wissenschaften zu Berlin

herausgegeben von

F. E. Schulze (†), W. Kükenthal (†)

fortgesetzt von **K. Heider**, seit 1927 von **R. Hesse**

Schriftleiter: **C. Apstein**

„Πάντα ῥεῖ“ *„Sine systemate chaos“*

---

63. Lieferung

Pisces 3

Crossopterygii

bearbeitet von

Dr. Maximilian Holly
Wien

Mit 30 Abbildungen

Berlin und Leipzig 1933

Walter de Gruyter & Co.

vormals G. J. Göschen'sche Verlagshandlung — J. Guttentag, Verlagsbuchhandlung
Georg Reimer — Karl J. Trübner — Veit & Comp.

Ausgegeben Dezember 1933

Das Tierreich

Im Auftrage der

Preußischen Akademie der Wissenschaften zu Berlin

herausgegeben von

F. E. Schulze (†), W. Kükenthal (†)

fortgesetzt von **K. Heider,** seit 1927 von **R. Hesse**

Schriftleiter: **C. Apstein**

---

63. Lieferung

Pisces 3

Crossopterygii

bearbeitet von

Dr. Maximilian Holly
Wien

Mit 30 Abbildungen

Berlin und Leipzig 1933

Walter de Gruyter & Co.

vormals G. J. Göschen'sche Verlagshandlung — J. Guttentag, Verlagsbuchhandlung
Georg Reimer — Karl J. Trübner — Veit & Comp.

Ausgegeben Dezember 1933

Archiv-Nr. 524 884

Inhalt

Die Literatur wurde bis Ende 1933 berücksichtigt

Druck: August Hopfer, Burg b. M.

Literatur-Kürzungen

Amer. Natural. — The American Naturalist. Salem (Philadelphia) (Boston). 8.

Anderson, Zool. Egypt — Zoology of Egypt. — *v.* 3. The Fishes of the Nile by G. A. Boulenger. London. 1907. 4.

Ann. Mus. Congo — État indépendant du Congo. Annales du Musée du Congo, publiées par Ordre du Secrétaire d'État. Zoologie. Bruxelles. 4.

Ann. Mus. Paris — Annales du Muséum |national| d'Histoire naturelle. Paris. 4.

Ann. nat. Hist. — The Annals and Magazine of Natural History, including Zoology, Botany, and Geology. London. 8.

Ann. N. York Ac. — Annals of the New York Academy of Sciences, late Lyceum of natural History. New York. 8.

Arch. Naturg. — Archiv für Naturgeschichte. Berlin. 8.

Bonaparte, Cat. Pesci Eur. — Catalogo metodico dei Pesci Europei di Carlo L. Principe Bonaparte. Napoli. 1846. 4. [& 1846 in: *Atti Sci. Ital.,* Adun. 7, *v.* 2].

Bonaparte, Consp. Syst. Ichthyol. — Conspectus Systematis Ichthyologiae Caroli-Luciani Bonaparte. Editio reformata. Lugduni Batavorum. 1850. 2.

Boston J. nat. Hist. — Boston Journal of natural History. Boston. 8.

Boulenger, Cat. Freshw. Fish. Afr. — Catalogue of the Fresh-Water Fishes of Africa by George Albert Boulenger. *v.* 1—4. London. 1909, 11, 15, 16. 8.

Bull. Mus. Paris — Bulletin du Muséum d'Histoire naturelle. Paris. 8.

Claus, Grundz. Zool., ed. 2 — Grundzüge der Zoologie. Zum Gebrauche an Universitäten und höheren Lehranstalten sowie zum Selbststudium von Carl Claus. Zweite vermehrte Auflage. Marburg & Leipzig. 1872. 8.

Claus-Grobben, Lehrb. Zool. — Lehrbuch der Zoologie begründet von C. Claus. Neubearbeitet von Karl Grobben. Marburg in Hessen. 8.

Claus-Grobben-Kühn, Lehrb. Zool., ed. 10 — Lehrbuch der Zoologie. Begründet von C. Claus, neubearbeitet von Karl Grobben und Alfred Kühn. Zehnte neubearbeitete Auflage des Lehrbuches von C. Claus. Berlin und Wien. 1932. 8.

Cuvier, Règne an., ed. 2 — Le Règne animal distribué d'après son Organisation, pour servir de Base à l'Histoire naturelle des Animaux et d'Introduction à l'Anatomie comparée. Par [Georges] Cuvier. Nouvelle Édition, revue et augmentée. [Tom. 4 & 5:] Par [Pierre André] Latreille. Tom. 1—5. Paris. 1829, 29, 30, 29, 29. 8.

Cuvier, Règne an., ed. 3 — Le Règne animal distribué d'après son Organisation, pour servir de Base à l'Histoire naturelle des Animaux, et d'Introduction à l'Anatomie comparée, par Georges Cuvier. 3. Édition. Avec Figures dessinées d'après Nature. Bruxelles. 1836. 8.

Dean, Fish. — Fishes, living and fossil. An Outline of their Forms and probable Relationship. By Bashford Dean. (Columbia University biological Serie III). New York. 1895. 8.

Denk. Ak. Wien — Denkschriften der Kaiserlichen Akademie der Wissenschaften. — Mathematisch-naturwissenschaftliche Classe. Wien. 4.

Duméril, Hist. nat. Poissons — Auguste Henri André Duméril, Histoire naturelle des Poissons, ou Ichthyologie générale. *v.* 1, 2 & Atlas. Paris. 1865—70. 8.

Duméril, Zool. anal. — Zoologie analytique, ou Méthode naturelle de Classification des Animaux, rendue plus facile à l'Aide de Tableaux synoptiques par A. M. Constant Duméril. Paris. 1806. 8.

Gegenbaur, Vergl. Anat. — Vergleichende Anatomie der Wirbeltiere mit Berücksichtigung der Wirbellosen von Carl Gegenbaur. 2 *v.* Leipzig. 1898, 1901. 8.

Günther, Cat. Fish. Brit. Mus. — Catalogue of the Fishes in the British Museum by Albert Günther. *v.* 1—8. London. 1859—70. 8.

Haeckel, Gen. Morphol. — Generelle Morphologie der Organismen. Allgemeine Grundzüge der organischen Formen-Wissenschaft, mechanisch begründet durch die von Charles Darwin reformierte Descendenz-Theorie, von Ernst Haeckel. *v.* 1, 2. Berlin. 1866. 8.

Haeckel, Syst. Phyl. — Systematische Phylogenie. Entwurf eines natürlichen Systems der Organismen auf Grund ihrer Stammesgeschichte von Ernst Haeckel. *v.* 1—3. Berlin. 1894, 96, 95. 8.

Hoeven, Handb. Zool. — Handbuch der Zoologie. Von J. van der Hoeven. Nach der 2. Holländischen Ausgabe. *v.* 1, 2. Leipzig. 1850, 52—56. 8.

Ihle, Kampen, Nierstrasz, Versluys, Vergl. Anat. — Vergleichende Anatomie der Wirbeltiere von J. E. W. Ihle, P. N. van Kampen, H. F. Nierstrasz, J. Versluys. Aus dem Holländischen übersetzt von G. Chr. Hirsch. Berlin. 1927. 8.

Lacépède, Hist. Poissons — Histoire naturelle des Poissons, par [Bern. Germ. Étienne] Lacépède. *v.* 1—5. Paris. 1798, 1800, 02, 02, 03. 4.

Lankester, Treat. Zool. — A Treatise on Zoology. Edited by E. Ray Lankester. London. *v.* 1—. 1900—. 8.

Latreille, Fam. Règne an. — Familles naturelles du Règne animal, exposées succinctement et dans un Ordre analytique, avec l'Indication de leurs Genres. Par [Pierre André] Latreille. Paris. 1825. 8.

Mem. geol. Surv. U. Kingdom — Memoirs of the geological Survey of the United Kingdom. Figures and Descriptions illustrative of British organic Remains. London. 8 & 4.

N. Acta Ac. Leop. — Nova Acta |physico-medica| Academiae Caesareae Leopoldino-Carolinae |Germanicae| Naturae Curiosorum. [*v.* 9 & sequ.:] Verhandlungen (Abhandlungen) der |Kaiserlichen| Leopoldinisch-Carolinischen Akademie der Naturforscher. Norimbergae. (Erlangen) (Bonn) .... 4.

Not. Leyden Mus. — Notes from the Leyden Museum. Leyden. 8.

Owen, Anat. Vert. — On the Anatomy of Vertebrates. By Richard Owen. *v.* 1—3. London. 1866, 66, 68. 8.

Owen, Lect. vert. Anat. — Lectures on the comparative Anatomy and Physiology of the vertebrate Animals, delivered at the Royal College of Surgeons of England, in 1844 and 1846. By Richard Owen. London. 1846. 8.

P. Boston Soc. — Proceedings of the Boston Society of natural History. Cambridge (Boston). 8.

Petherick, Travels Centr. Afr. — Travels in Central Africa and Explorations of the Western Nile Tributaries. By Mr. & Mrs. Petherick. 2 *v.* London. 1869. 8.

P. R. phys. Soc. Edinb. — Proceedings of the Royal physical Society of Edinburgh. Edinburgh. 8.

P. R. Soc. Edinb. — Proceedings of the Royal Society of Edinburgh. Edinburgh. 8.

P. zool. Soc. London — Proceedings of the zoological Society of London. London. 8.

Rev. Mag. Zool. — Revue et Magasin de Zoologie pure et appliquée. Paris. 8.

Rev. zool. Afr. — Revue zoologique Africaine. Bruxelles. 8.

Russegger, Reis. — Reisen in Europa, Asien und Afrika, mit besonderer Rücksicht auf die naturwissenschaftlichen Verhältnisse der betreffenden Länder, unternommen in den Jahren 1835 bis 1841, von Joseph Russegger. *v.* 1 I & II, 2 I–III, 3, 4. Mit einem Atlas. Stuttgart. 1841, 43; 43, 45, 49; 1847; 48. 8 & 2.

SB. Ak. Wien — Sitzungsberichte der Kaiserlichen Akademie der Wissenschaften. — Mathematisch-naturwissenschaftliche Classe. Wien. 8.

Schmarda, Zool. — Zoologie von Ludwig K. Schmarda. *v.* 1, 2. Wien. 1871, 72. 8.

Tr. R. Soc. Edinb. — Transactions of the Royal Society of Edinburgh. Edinburgh. 4.

Work J. S. Budgett — The Work of John Samuel Budgett, being a Collection of his zoological Papers, together with a biographical Sketch by A. E. Shipley and Contributions by Richard Assheton, Edward J. Bles, Edward T. Browne, J. Herbert Budgett and J. Graham Kerr. Edited by J. Graham Kerr. Cambridge. 1907. 4.

Zool. Jahrb., Syst. — Zoologische Jahrbücher. — Abtheilung für Systematik, Geographie und Biologie der Thiere. Jena. 8.

Zool. Rec. — The zoological Record. London. 8.

Systematischer Index

Superordo **Crossopterygii**

1806 „Holobranches“ (part.) + „Abdominaux“ (part.), C. Duméril, Zool. anal., p. 111; 98, 99, 137 | 1825 *Abdominalia* (part.), Latreille, Fam. Règne an., p. 118 | 1845 *Ganoidei* (part.) + *Holostei* (part.), J. Müller in: Arch. Naturg., *v.* 11 I p. 137 | 1846 *Sauroidei* (part.), Bonaparte, Cat. Pesci Eur., p. 4 | 1846 *Ganoidei* (part.), Rich. Owen, Lect. vert. Anat., *v.* 1 p. 50 | 1850 *Lepidostei* (part.), Bonaparte, Consp. Syst. Ichthyol. | 1852 *Ganolepidoti* (part.), Hoeven, Handb. Zool., ed. 2 *v.* 2 p. 81 | 1861 *Ganoidei* (part.) + Subord. *Crossopterygidae*, Huxley in: Mem. geol. Surv. U. Kingdom, dec. 10 p. 23 | 1864 *Hemi-Ganoidei* (part.), C. Mayer in: N. Acta Ac. Leop., *v.* 30 p. 26 | 1866 *Rhombiferi (Rhomboganoides)* (part.) + *Semeopteri*, Haeckel, Gen. Morphol., *v.* 2 p. CXXIV | 1866 *Ganoidei* (part.) + *Lepidoganoidei* (part.), Rich. Owen, Anat. Vert., *v.* 1 p. 12 | 1870 *Ganoidei* (part.) + *Holostei* (part.), Alb. Günther, Cat. Fish. Brit. Mus., *v.* 8 p. 324 | 1872 *Ganoidei* (part.) + *Crossopterygii*, C. Claus, Grundz. Zool., ed. 2 p. 842, 847 | 1872 *Ganoidea* (part.) + *Osteoganoidea* (part.), Schmarda, Zool., *v.* 2 p. 310 | 1889 *Crossopterygia*, E. D. Cope in: Amer. Natural., *v.* 23 p. 855 | 1895 *Crossopterygii*, Haeckel, Syst. Phyl., *v.* 3 p. 249 | 1905 *Brachioganoidea (Crossopterygii)*, Grobben in: Claus-Grobben, Lehrb. Zool., ed. 7 p. 758 | 1907 *Crossopterygii*, W. K. Gregory in: Ann. N. York Ac., *v.* 17 p. 447 | 1909 *C.*, Boulenger, Cat. Freshw. Fish. Afr., *v.* 1 p. 4 | 1932 *Brachioganoidea (Crossopterygii)*, Grobben in: Claus-Grobben-Kühn, Lehrb. Zool., ed. 10 p. 930.

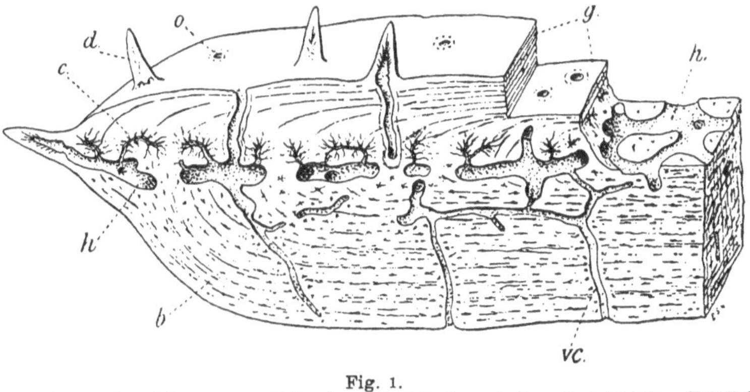

Fig. 1.
Querschnitt durch eine Schuppe von **Polypterus bichir** Lac. *b* Isopedinschicht; *c* Kanälchen der Cosminschicht; *d* Placoidzähnchen; *g* Ganoinschicht; *h* System horizontaler Kanäle; *vc* Havers'sche Kanäle; *o* Öffnungen derselben an der Schuppenoberfläche. (Nach Goodrich).

Teleostome Fische mit starken, rhombischen, mit einer Ganoinschicht bedeckten Schuppen, knöchernem Skelett und zwei breiten Kehlplatten; Kiemenhautstrahlen fehlen; die Brust- und Bauchflossen mit einem muskulösen, beschuppten Basalschaft, dem distal die Flossenstrahlen entspringen; die Schwimmblase mündet ventral und ist paarig; Herz mit Bulbus; Darm mit Spiralklappe.

Der langgestreckte, zylindrische, gegen sein Ende zu etwas seitlich zusammengedrückte Körper ist mit starken, rhombischen Schuppen (Fig. 1 & 3 *B, C*) bedeckt, die wie alle Derivate der Haut knöcherner Natur, in der Lederhaut (Corium) gebildet werden, sich aber im Vergleich zu jenen anderer Knochenfische durch ihren besonderen Bau auszeichnen. An einer Crossopterygierschuppe können 3 Schichten unterschieden werden, die selbst wieder geschichtet sind. Als oberste die Ganoinschicht, von der die Schuppen ihren Namen herleiten (Ganoidschuppen), die nächst tiefere Schicht wird als Cosminschicht bezeichnet und die unterste Schicht ist die Isopedinschicht. Die Ganoinschicht zeichnet sich durch besonderen Glanz und das Fehlen von Osteoblasten aus, ähnlich dem Schmelz, läßt sich aber mit diesem deshalb nicht homologisieren, weil die Ganoinschicht durch Osteoblasten des Corium gebildet wird. Mit Dentin kann die Ganoinlage nicht verglichen werden, da hier die Zahnkanälchen fehlen. Eine andere Form des Knochengewebes zeigt die Cosminschicht; in ihr liegen die Enden der zahlreich verzweigten Zahnkanälchen, in die die Ausläufer der Osteoblasten hineinreichen. Die Isopedinschicht ist gewöhnlichem Knochengewebe ähnlich, besitzt Knochenzellen und verkalkte Teile von Bindegewebe. Alle 3 Schichten werden von Havers'schen Kanälen durchzogen, die senkrecht zur Schuppenoberfläche verlaufen und auf dieser münden, oder in die Pulpahöhlen der auf der Schuppenoberfläche stehenden Hautzähnchen reichen und diese mit Blut versorgen. Die Crossopterygier haben ein durchaus knöchernes Skelett (Fig. 2). Die Wirbelsäule durchzieht den ganzen Körper, die aus 77 *(Polypterus)* bis 110 *(Calamoichthys)* Wirbeln besteht; die Wirbelkörper sind arcocentrisch, d. h. es kommt hier keine Ossifikation in der Chordascheide vor, sondern es entwickelt sich um die Chorda Knorpelgewebe, das verknöchert; die Wirbel werden also von den oberen und unteren Bogenstücken und den Intercalaria, das sind zwischen den segmental angeordneten Bögen zur Ausbildung gelangende Knorpelstücke, gebildet. Durch diese Bildungen erleidet die Chorda dorsalis eine Behinderung im Wachstum; sie erscheint in der Mitte eines jeden Wirbels (vertebral) eingeschnürt, bezw. ganz abgeschnürt, während sie zwischen den Wirbeln voll entwickelt ist. Die einzelnen Wirbel erscheinen dadurch vorn und rückwärts tief konkav ausgehöhlt und im Querschnitt sanduhrförmig (amphicoele

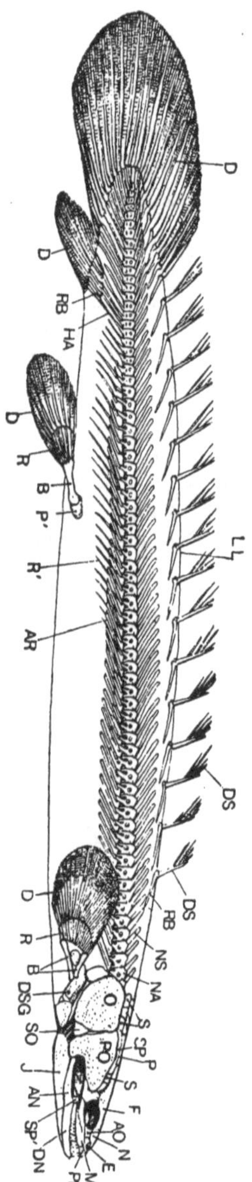

Fig. 2.
Skelett von **Polypterus bichir** Lac. *D* Lepidotrichia; *LL* äußere Begrenzungslinie des Körpers; *DS* Skeletteile der Rückenflößchen: *RB* Flossenträger; *NS* Neuralstachel; *NA* Neuralbögen; *S* Spiracularknochen; *SP* Spritzloch; *P* Parietale; *F* Frontale; *AO* Antorbitale; *N* Nasale; *E* Ethmoideum; *MX* Maxillare; *PMX* Praemaxillare; *DN* Dentale; *SP'* Spleniale; *AN* Angulare; *J* Gulare; *SO* Suboperculum; *PO* Praeoperculum; *O* Operculum; *DSG* Cleithrum; *B* Basale; *R* Radien; *AR* dorsale Rippen; *R'* pleurale Rippen; *P'* Beckenknorpel; *HA* Haemalbogen. (Nach Dean, aus Goodrich).

Wirbel). Die oberen (neuralen) und unteren (haemalen) Bogenstücke bilden einerseits den Neuralkanal, der das Rückenmark aufnimmt, andererseits den Haemalkanal, in dem die ventral der Chorda liegenden Blutgefäße verlaufen. Das Caudalende der Crossopterygier weist nur

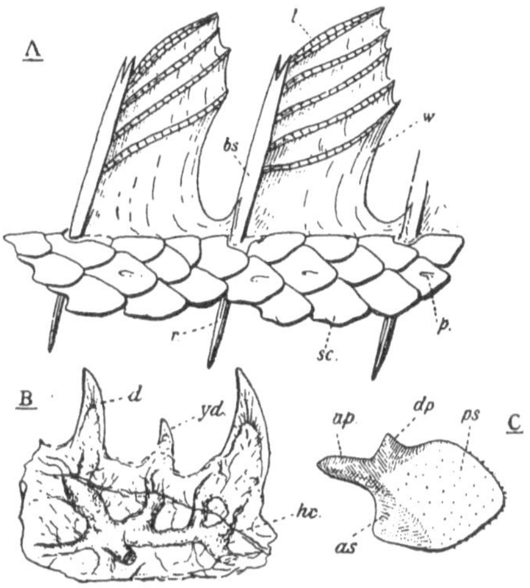

Fig. 3.
Polypterus bichir Lac. *A* 2 Rückenflößchen und die ihnen benachbarten Schuppen; *B* Teil einer Schuppe mit Placoidzähnchen; *C* Oberfläche einer Schuppe. *bs* Stachel des Rückenflößchens; *l* Lepidotrichia; *w* Flößchenmembran; *r* Flossenträger; *sc* Schuppen; *p* Seitenlinienpore; *d* Placoidzähnchen; *yd* abgelöste Dentinkappe eines noch nicht ganz entwickelten Placoidzähnchens; *hc* Havers'sche Kanäle; *ap* vorderer, *dp* dorsaler Fortsatz der Schuppe; *ps* freie Fläche der Schuppe mit Placoidzähnchen; *as* Fläche der Schuppe, die von der nächst unten gelegenen überdeckt wird. (Nach Goodrich).

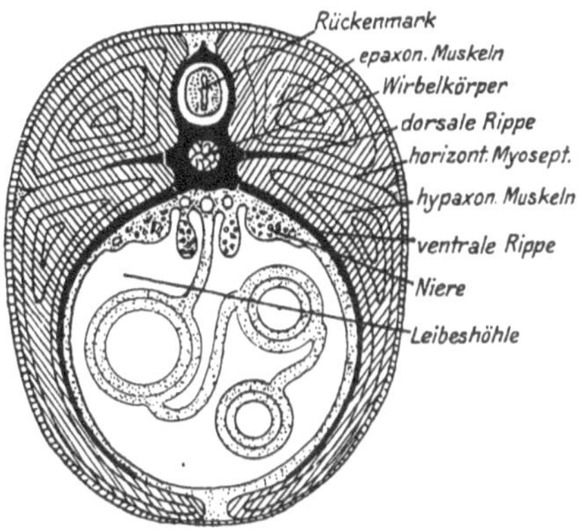

Fig. 4.
Schematischer Querschnitt durch den Rumpf eines Fisches, um die Lage der dorsalen und ventralen Rippen zu zeigen. (Nach Kingsley, aus Versluys).

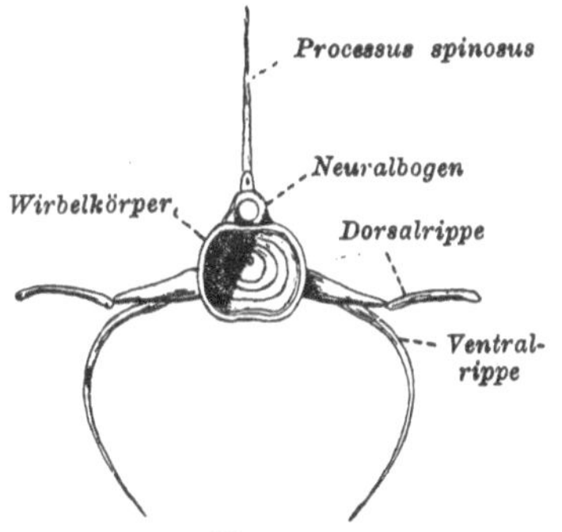

Fig. 5.
Rumpfwirbel von **Polypterus**. (Nach Grobben).

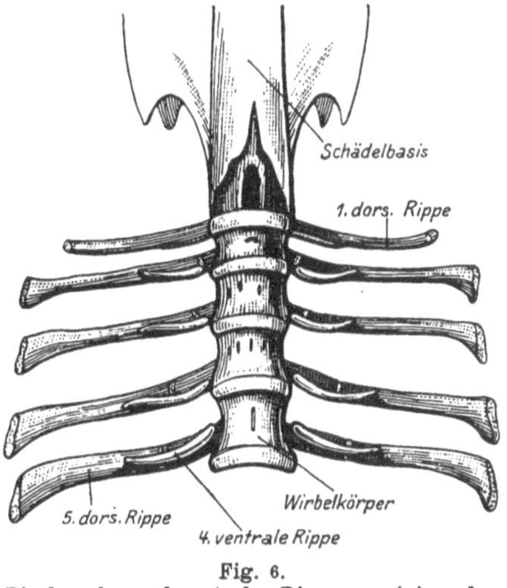

Fig. 6.
Die dorsalen und ventralen Rippen an einigen der vordersten Wirbel von **Polypterus**, von ventral. (Nach Wiedersheim, aus Versluys).

eine wenig ausgeprägte innere Heterocerkie auf. Die Rippen (Fig. 4, 5, 6) sind gut entwickelt, man findet in jedem Körpersegment zweierlei Arten nebeneinander: Dorsale Rippen, die an jener Stelle liegen, an der die Rumpfmuskulatur durch ein horizontales bindegewebiges Septum geteilt wird (in die dorsal gelegene, epaxonische, und in die ventral gelegene, hypaxonische Muskulatur), und ventrale Rippen, die ventral des Horizontalseptum liegen; Kopfrippen fehlen. Von den unpaaren Flossen wird die abgerundete, diphycerke Schwanzflosse und die verhältnismäßig kleine Afterflosse durch gegliederte knöcherne Flossenstrahlen (Lepidotrichia) gestützt, die Rückenflosse (Fig. 3 *A*) besteht aus einer größeren oder geringeren Anzahl von einzelnen Flößchen; jedes Flößchen wird aus einem starken, knöchernen, aus 2 nebeneinander liegenden Schuppen entstandenen Stachel gebildet, dem an der caudalen Seite gegliederte Strahlen entspringen; zwischen diesen knöchernen Elementen spannt sich die Flößchenmembran aus. An paarigen Extremitäten sind sowohl Brust- als auch Bauchflossen vorhanden, es kommt daher auch zur Ausbildung eines Schulter- und Beckengürtels (Fig. 7, 8, 11). Der

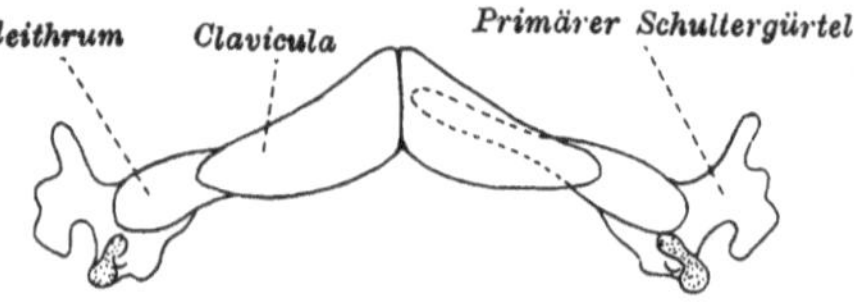

Fig. 7.
Schultergürtel von **Polypterus**, Ventralansicht. (Nach Gegenbaur).

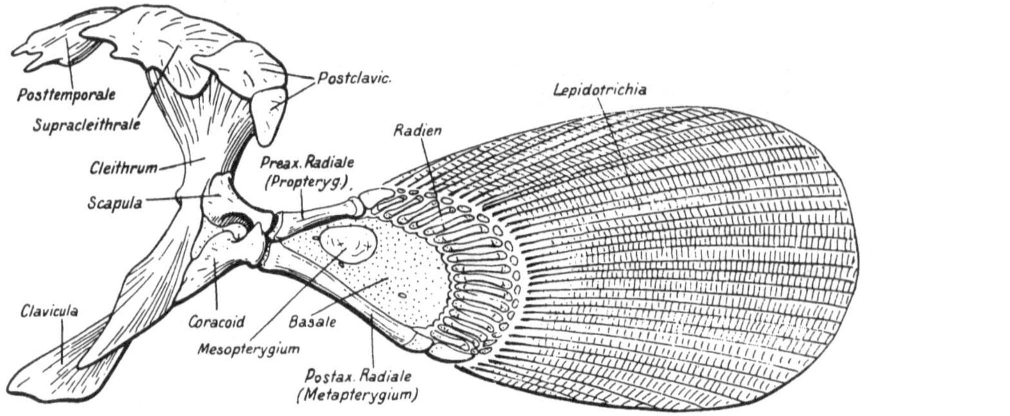

Fig. 8.
Schultergürtel von **Polypterus bichir** Lac. Rechte Hälfte mit Brustflosse von median. (Nach Goodrich, aus Versluys). Das Posttemporale ist ein Schädelknochen.

primäre Schultergürtel, der die Gelenkfläche für die Brustflossen bildet, wird knorpelig angelegt und verknöchert zum größten Teil. Es finden sich hier 2 Verknöcherungen: eine dorsal des Gelenkfortsatzes gelegene, die Scapula, und eine ventral des Gelenkfortsatzes gelegene, das Coracoid. Den weitaus größeren Anteil am Schultergürtel nimmt der aus Hautverknöcherungen stammende sekundäre Schultergürtel, der aus mehreren Knochen gebildet wird. Die freien Teile der Vorderextremitäten bestehen aus einem freibeweglichen, basalen Schaft, der beschuppt ist, und aus einem dorsalen (praeaxiales Radiale, Propterygium) und einem ventralen (postaxiales Radiale, Metapterygium) Knochenstück gebildet wird. Zwischen diesen beiden Knochen liegt ein knorpeliges Basale, das eine zentrale Verknöcherung, das Mesopterygium aufweist. Distal an diesen Teil der Extremität schließen sich zum größten Teil verknöcherte Radien an, an die sich weiter distal die Lepidotrichia anschließen.

Das eigentliche Becken ist bei den Crossopterygiern klein und wird aus Knorpel gebildet; es wird durch einen ziemlich langen Knochen ersetzt (gewissen Ansichten zufolge wird auch dieser Knochen dem Becken zugezählt), mit dem die eigentliche freie Extremität (Bauchflosse) gelenkig verbunden ist. Die Bauchflossen sind kleiner als die Brustflossen, besitzen ebenfalls einen beschuppten, freibeweglichen Basalteil mit Radien und Lepidotrichia. Der Schädel (Fig. 9) der Crossopterygier ist auximetamer; die Deck-

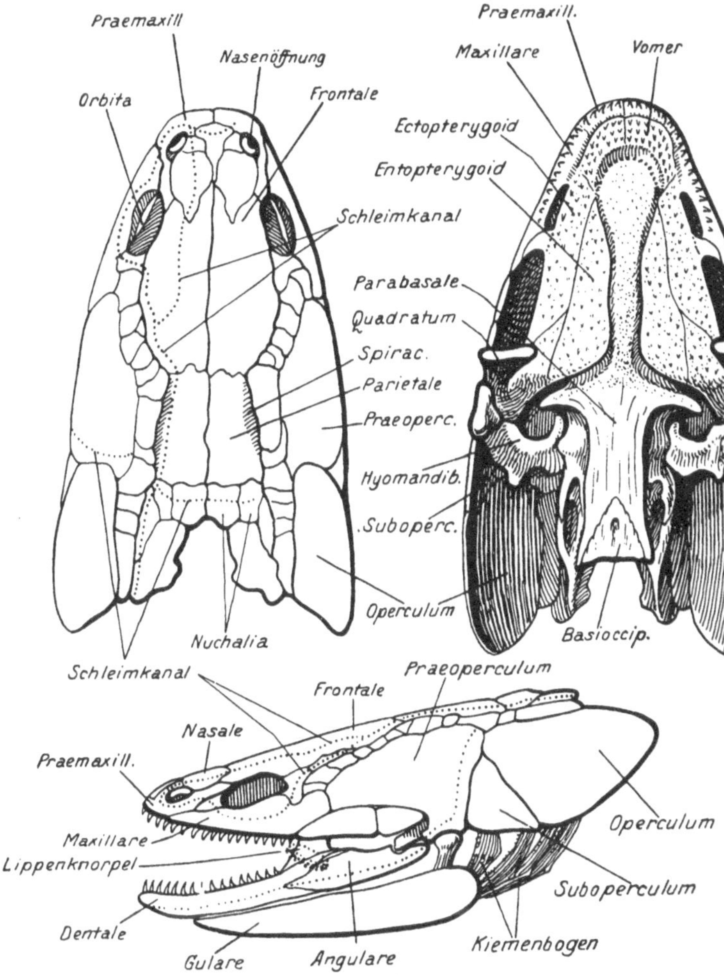

Fig. 9.
Schädel von **Polypterus bichir** Lac. (Nach Goodrich, aus Versluys).

knochen sind gut entwickelt und bilden einen festen Panzer; das knorpelige Primordialcranium tritt im Verhältnis zu den Deckknochen zurück, einzelne Teile desselben verknöchern (in der Hinterhauptsregion tritt ein Basioccipitale und ein paariges Exoccipitale auf). Auf der dorsalen Seite des Schädels fallen in der Hinterhauptsregion eine Anzahl kleiner Knochenplatten auf (Nuchalia), deren Entstehung aus Schuppen leicht abgeleitet werden kann. Erwähnenswert ist ein paariges Band kleiner Knochenplättchen, das sich von der Hinterhauptsregion bis zur Orbita erstreckt und dorsal von den Nuchalia, dem Parietale und Frontale, ventral vom Operculum, Praeoperculum und dem Maxillare begrenzt wird. Da diese Knochen in der Nähe des Spritzloches verlaufen, werden

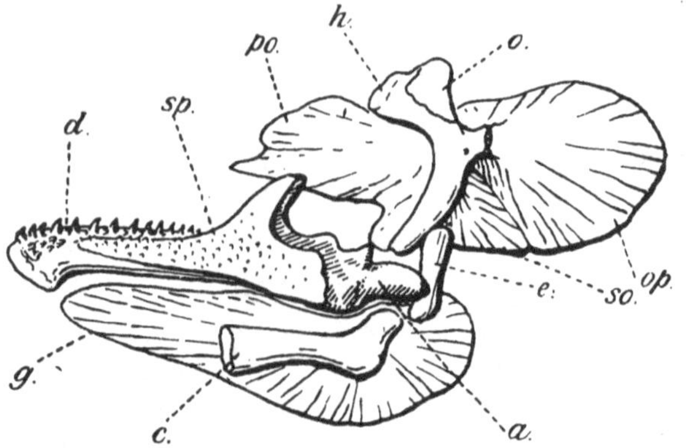

Fig. 10.
Polypterus bichir Lac. Innenansicht des Unterkiefers und des Hyoidbogens.
d Dentale; *sp* Spleniale; *po* Praeoperculum; *h* Hyomandibulare; *o* kleiner dermaler Knochen; *op* Operculum; *so* Suboperculum; *e* Epihyale; *a* Articulare; *c* Ceratohyale; *g* Gulare. (Nach Goodrich).

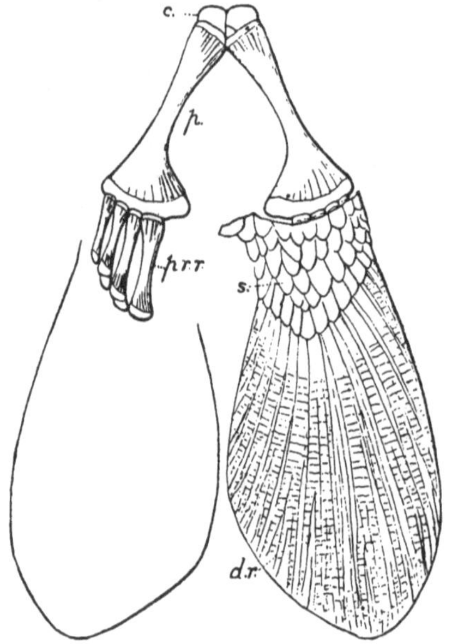

Fig. 11.
Ventralansicht des Beckengürtels und der Bauchflossen von **Polypterus bichir** Lac.
Rechts ist das Skelett vollkommen freigelegt. *c* knorpeliger Beckenrest; *p* Stammstück; *prr* praeaxiale Radien; *s* Schuppen; *dr* Lepidotrichia. (Nach Davidoff, aus Goodrich).

sie auch Spiracularknochen genannt. Die Spritzlöcher selbst liegen zwischen den Parietalia und den Spiracularknochen und münden vor dem Hyomandibulare und medianwärts des Palatoquadratum in die Mundhöhle aus. Der Kieferbogen (Fig. 10) ist schwach entwickelt, die Zähne werden vor allem von den gut entwickelten Deckknochen getragen.

Der Meckel'sche Knorpel (Cartilago meckeli) ist schlank, sein verdicktes Ende verknöchert und bildet die Gelenkfläche für das Kiefergelenk (Articulare); mit dieser Verknöcherung ist ein Deckknochen

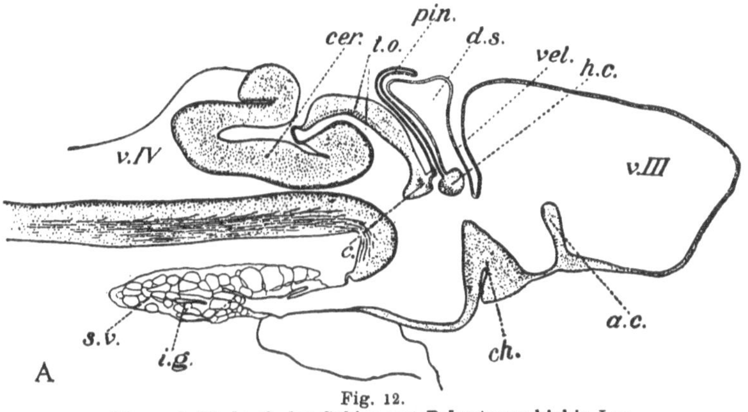

Fig. 12.
Längsschnitt durch das Gehirn von **Polypterus bichir** Lac.
vIV vierter Ventrikel; *cer* Cerebellum; *to* Tectum opticum; *pin* Pinealkörper; *ds* dorsaler Sack; *hc* Habenularcommissur; *vIII* dritter Ventrikel; *ac* vordere Commissur; *ch* optisches Schiasma; *ig* Infundibulardrüse; *sv* Saccus vasculosus; *c* hintere Commissur. (Nach Kerr, aus Goodrich).

verschmolzen (Mischknochen); eine weitere Verknöcherung des Meckelschen Knorpels ist das Retroarticulare; das Hyomandibulare, das Palatoquadratum und der Unterkiefer, sowie ihre Deckknochen sind mit dem Neurocranium und dessen Deckknochen beweglich verbunden. Ein Hyoidbogen und 4 Kiemenbogen sind vorhanden; Kiemenhautstrahlen fehlen. Als besondere Bildungen sind die paarigen, großen Kehlplatten (Gulare) anzusehen. Die Kiemendeckel sind gut entwickelt. Das Gehirn (Fig. 12) und das Nervensystem zeigen den gewöhnlichen Fischtypus. Seitenlinienorgane sind vorhanden. Die Kiemenatmung wird bei den Crossopterygiern durch die Tätigkeit der Schwimmblase unterstützt, welch letztere als akzessorisches Atmungsorgan aufzufassen ist. Die Schwimmblase (Fig. 14) ist paarig, wobei die rechte Hälfte bedeutend größer als die linke ist. Sie liegt ventral des Darmes und mündet von unten in den Schlund, eine Eigentümlichkeit, die unter den teleostomen Fischen nur den Crossopterygiern zukommt. Die innere Schwimmblasenwand ist mit 20 bis 30 längs verlaufenden Epithelverdickungen ausgestattet, die mit zahlreichen Blutgefäßen versehen sind. Die Schwimmblase wird mit Blut aus der sechsten Arteria epibranchialis versorgt, während ihre Vene das Blut in die Vena hepatica ableitet. Wie schon erwähnt, funktioniert die Schwimmblase hier als akzessorisches Atmungsorgan. Die Tiere sind unbedingt darauf

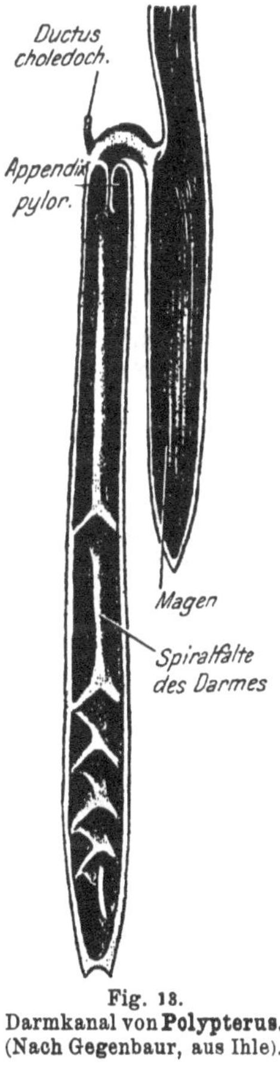

Fig. 13.
Darmkanal von **Polypterus**.
(Nach Gegenbaur, aus Ihle).

angewiesen, denn sie müssen absterben, wenn ihnen diese Atmung verwehrt wird. Die Kreislauforgane zeigen den gewöhnlichen Fischtypus. Das Herz hat einen stark entwickelten Conus arteriosus mit zahlreichen Klappenreihen.

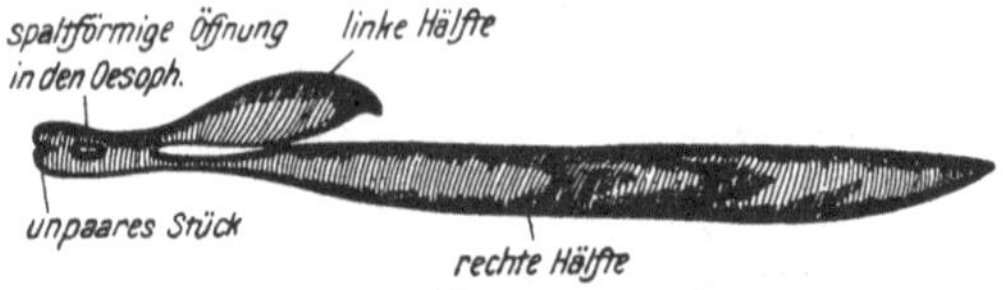

Fig. 14.
Schwimmblase von **Polypterus**, von ventral gesehen. (Nach Schimkewitsch, aus Nierstrasz).

Die Zähne der Crossopterygier sind spitz und konisch und finden sich auf dem Praemaxillare, Maxillare, Vomer, dem Ekto- und Entopterygoideum. Der Mitteldarm (Fig. 13) besitzt eine gut entwickelte Spiralfalte. Als Exkretionsorgan finden wir bei erwachsenen Crossopterygiern einen Mesonephros, der durch einen primären Harnleiter in eine unpaare Blase mündet; die Larven haben einen gut entwickelten Pronephros.

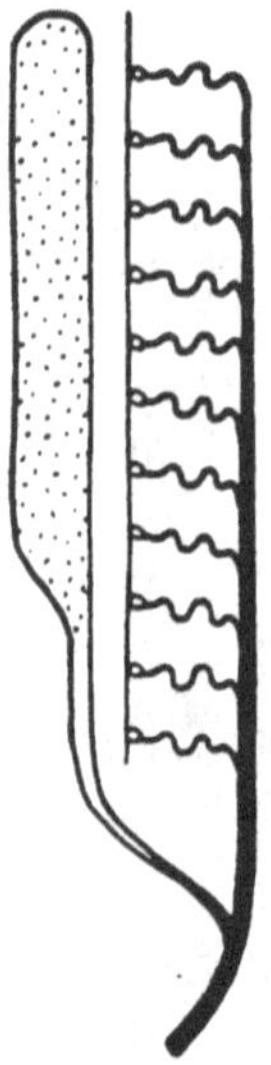

Fig. 15.
Schema des männlichen Genitalapparates von **Polypterus**. (Nach Kerr, aus Ihle).

Die männlichen Genitalorgane (Fig. 15) zeigen einen besonderen Gang, durch den das Sperma zur Genitalöffnung geführt wird; es besteht daher kein Zusammenhang der Hoden mit dem Mesonephros. Die weiblichen Genitalorgane weisen gut entwickelte Müllersche Gänge mit Ostien auf, die caudal in den primären Harnleiter münden.

Die *Crossopterygii* entwickeln sich mit Metamorphose. Die Larven (Fig. 16) besitzen äußere Kiemen in Form einer federförmigen Ausstülpung des Kiemendeckelrandes.

Die wenigen Arten der *Crossopterygii* gehören nur 2 Gattungen an, die ausnahmslos im tropischen Afrika beheimatet sind. Sie sind Grundfische, die während der trockenen Jahreszeit in den Flüssen leben. Während der Regenzeit dringen sie in die überschwemmten Gebiete ein, um dort ihre Geschlechtsprodukte abzusetzen; über die Befruchtung und die Eiablage selbst ist wenig bekannt; möglicherweise liegt innere Befruchtung vor, da einerseits während der Laichzeit die Afterflosse der Männchen an-

Fig. 16.
Larve von **Polypterus lapradei** Stnd. (Nach Kerr, aus Goodrich, umgezeichnet).

schwillt und sich in Falten legt, andererseits wurden in der Leibeshöhle der Weibchen entwickelte Eier gefunden. Die Crossopterygier sind Nachttiere, die sich vornehmlich von Fischen, Krebsen und Insektenlarven nähren.

1 Ordnung, 1 Familie, 2 Gattungen und 14 Arten.

1. Ord. **Polypteroidei**

1889 *Cladistia*, E. D. Cope in: Amer. Natural., *v.* 23 p. 856 | 1907 *C.*, W. K. Gregory in: Ann. N. York Ac., *v.* 17 p. 448 | 1909 *Polypterini*, Goodrich in: Lankester, Treat. Zool., *v.* 9 p. 290.

Mit den Merkmalen der Überordnung.

Tropisches Afrika.

1 Familie, 2 Gattungen und 14 Arten.

1. Fam. **Polypteridae**

1806 „Siagonotes" (part.), C. Duméril, Zool. anal., p. 149 | 1825 *Clupeoides* (part.) + Trib. *Armicipites* (part.), Latreille, Fam. Règne an., p. 120 | 1845 *Polypterini*, J. Müller in: Arch. Naturg., *v.* 11 I p. 137 | 1846 *Polypteridae* + *Polypterini*, Bonaparte, Cat. Pesci Eur., p. 4 | 1846 *Salamandroidei* (part.), Rich. Owen, Lect. vert. Anat., *v.* 1 p. 50 | 1852 *Sauroidei* (part.), Hoeven, Handb. Zool., ed. 2 *v.* 2 p. 81 | 1866 „Polypteriden", Haeckel, Gen. Morphol., *v.* 2 p. CXXV | 1870 *Polypteridae*, Alb. Günther, Cat. Fish. Brit. Mus., *v.* 8 p. 326 | 1873 *Polypteri*, Fitzinger in: SB. Ak. Wien, *v.* 67 I p. 51 | 1889 *Polypteridae*, E. D. Cope in: Amer. Natural., *v.* 23 p. 856 | 1909 *P.*, Boulenger, Cat. Freshw. Fish. Afr., *v.* 1 p. 4.

Der Körper ist langgestreckt bis schlangenförmig, von rundlichem Querschnitt. Von den unpaaren Flossen wird die Rückenflosse aus einer Anzahl aus Schuppen hervorgegangener Stacheln gebildet; an der Hinterseite dieser Stacheln entspringen ein oder mehrere gegliederte Strahlen, die die Flossenhaut stützen. Das Suboperculum ist vorhanden oder es fehlt. Brustflossen sind immer vorhanden; die Bauchflossen sind vorhanden oder fehlen.

Tropisches Afrika.

2 Gattungen und 14 Arten.

Bestimmungstabelle der Gattungen:

Die Bauchflossen sind vorhanden	1. Gen. **Polypterus**
Die Bauchflossen fehlen	2. Gen. **Calamoichthys**

1. Gen. **Polypterus** Lac.

1802 „Polyptère", E. Geoffroy in: Ann. Mus. Paris, *v.* 1 p. 57 | 1803 *Polypterus*, Lacépède, Hist. Poissons, *v.* 5 p. 340 | 1870 *P.*, A. Duméril, Hist. nat. Poissons, *v.* 2 p. 391 | 1870 *P.*, Alb. Günther, Cat. Fish. Brit. Mus., *v.* 8 p. 326 | 1909 *P.*, Boulenger, Cat. Freshw. Fish. Afr., *v.* 1 p. 5.

Der Körper ist langgestreckt, von rundlichem Querschnitt, gegen das Ende zu seitlich kompreß. Bauchflossen sind stets vorhanden, gut entwickelt und mäßig klein. Ein gut entwickeltes Suboperculum ist vorhanden. Die Kiefer tragen kleine, konische Zähne. An den Stacheln der einzelnen Rückenflößchen entspringen an ihrer caudalen Seite 2 oder mehr gegliederte Strahlen, die die Flossenhaut stützen.

Tropisches Afrika.

13 Arten.

Bestimmungstabelle der Arten:

1 Der Unterkiefer ragt etwas über die Schnauze vor. Das Suboperculum ist größer als das Auge. Der Hinterrand der dem Körper angelegten Brustflossen reicht bis zum 1. Rückenflossenstachel oder etwas darüber hinaus. 11 bis 18 Rückenflossenstacheln. 11 bis 15 Schuppen zwischen dem 1. Rückenflossenstachel und dem Hinterkopfe — **2**

Beide Kiefer sind gleichlang, oder die Schnauze ragt etwas über den Unterkiefer vor. Das Suboperculum ist nicht oder nur wenig größer als das Auge, eher kleiner. Der Hinterrand der dem Körper angelegten Brustflossen ist vom 1. Rückenflossenstachel weit getrennt oder erreicht ihn. 5 bis 17 Rückenflossenstacheln. 11 bis 37 Schuppen zwischen dem 1. Rückenflossenstachel und dem Hinterkopfe — **5**

2 60 bis 70 Schuppen in einer Längsreihe — **3**

50 bis 59 Schuppen in einer Längsreihe — **4**

3 14 bis 18 Rückenflossenstacheln. Interorbitalregion schwach konvex. 63 bis 70 Schuppen in einer Längsreihe . . . 1. **P. bichir**

13 bis 15 Rückenflossenstacheln. Interorbitalregion vollkommen flach. 60 bis 68 Schuppen in einer Längsreihe . 2. **P. lapradei**

4 Interorbitalregion flach. 12 bis 14 Rückenflossenstacheln . . 3. **P. congicus**

Interorbitalregion schwach konkav. 11 bis 14 Rückenflossenstacheln . . . . 4. **P. endlicheri**

5 Der Hinterrand der dem Körper angelegten Brustflossen ist vom 1. Rückenflossenstachel weit entfernt — **6**

Der Hinterrand der dem Körper angelegten Brustflossen erreicht den 1. Rückenflossenstachel — **12**

6 15 bis 21 Schuppen zwischen dem Hinterkopfe und dem 1. Rückenflossenstachel — **7**

22 bis 37 Schuppen zwischen dem Hinterkopfe und dem 1. Rückenflossenstachel — **8**

7 34 bis 49 Schuppen rund um die Körpermitte. Die Afterflosse besitzt 14 bis 17 Strahlen . . . . 9. **P. senegalus**

42 bis 44 Schuppen rund um die Körpermitte. Die Afterflosse besitzt 11 bis 14 Strahlen . . . . 10. **P. schoutedeni**

8 60 bis 65 Schuppen in einer Längsreihe. 42 bis 46 Schuppen rund um die Körpermitte — **9**

52 bis 59 Schuppen in einer Längsreihe. 32 bis 40 Schuppen rund um die Körpermitte — **10**

9 44 bis 46 Schuppen rund um die Körpermitte. 9 bis 10 Rückenflossenstacheln . . . . 5. **P. weeksii**

42 Schuppen rund um die Körpermitte. 10 bis 11 Rückenflossenstacheln . . . . 6. **P. ornatipinnis**

10 Weniger als 30 Schuppen zwischen dem Hinterkopfe und dem 1. Rückenflossenstachel; 5 bis 9 Rückenflossenstacheln . 11. **P. palmas**

30 oder mehr Schuppen zwischen dem Hinterkopfe und dem 1. Rückenflossenstachel; 6 bis 9 Rückenflossenstacheln — **11**

11 30 bis 33 Schuppen zwischen dem Hinterkopfe und dem 1. Rückenflossenstachel; 7 bis 9 Rückenflossenstacheln . 12. **P. lowei**

35 bis 37 Schuppen zwischen dem Hinterkopfe und dem 1. Rückenflossenstachel; 6 bis 7 Rückenflossenstacheln . 13. **P. retropinnis**

12 10 bis 11 Rückenflossenstacheln; 38 Schuppen rund um die Körpermitte; 14 bis 17 Schuppen zwischen dem Hinterkopfe und dem 1. Rückenflossenstachel . . . . 7. **P. delhezi**

13 bis 15 Rückenflossenstacheln; 42 bis 46 Schuppen rund um die Körpermitte; 11 bis 13 Schuppen zwischen dem Hinterkopfe und dem 1. Rückenflossenstachel . . . . . 8. **P. ansorgii**

1. **P. bichir** Lac. 1802 „Polyptère b.“, E. Geoffroy in: Ann. Mus. Paris, *v.* 1 p. 57 | 1803 *Polypterus b.*, Lacépède, Hist. Poissons, *v.* 5 p. 340 | 1870 *P. b.*, A. Duméril, Hist. nat. Poissons, *v.* 2 p. 391 t. 23 f. 1 | 1870 *P. b.* (part.), Alb. Günther, Cat. Fish. Brit. Mus., *v.* 8 p. 326 | 1882 *P. b.*, Steindachner in: Denk. Ak. Wien, *v.* 44 p. 52 t. 8 f. 1 (von der Seite) & t. 9 f. 1 (von oben) (beide Kopf und Vorderkörper) | 1904 *P. b.*, F. Werner in: Zool. Jahrb., Syst. *v.* 21 p. 271 | 1907 *P. b.*, Boulenger in: Anderson, Zool. Egypt, *v.* 3 p. 5 t. 1 | 1909 *P. b.*, Boulenger, Cat. Freshw. Fish. Afr., *v.* 1 p. 6 f. 3.

Die Kopflänge ist in der Gesamtlänge des Körpers $4^1/_4$ bis $5^2/_3$ mal enthalten, wobei der Kopf doppelt oder fast doppelt so lang wie breit ist. Der Unterkiefer ragt über die Schnauze etwas hinaus. Die Schnauzenlänge ist in der Kopflänge 5 bis 7 mal enthalten. Die Augen liegen superolateral,

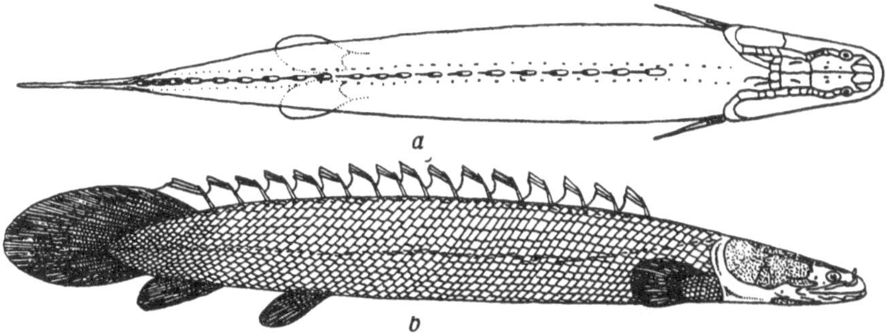

Fig. 17.
Polypterus bichir Lac. *a* von oben; *b* von der Seite. (Nach L. Agassiz, aus Goodrich, vereinfacht).

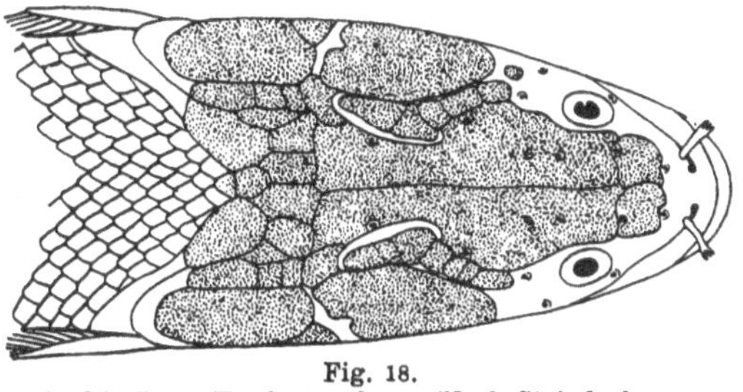

Fig. 18.
Polypterus bichir Lac. Kopf von oben. (Nach Steindachner, vereinfacht).

ihr Durchmesser ist in der Kopflänge $8^1/_2$ bis 13 mal enthalten; die Interorbitalregion ist schwach konvex. Das Suboperculum ist viel größer als das Auge. Der Hinterrand der Brustflossen reicht über die Insertionsstelle des 1. Rückenflossenstachels hinaus. In einer Längsschuppenreihe stehen 63 bis 70 Schuppen, zwischen dem ersten Rückenflossenstachel und dem Hinterkopfe stehen deren 11 bis 15, rund um die Mitte des Körpers 46 bis 54, 14 bis 18 Rückenflossenstacheln, 11 bis 15 Afterflossenstrahlen. L. bis 720 mm.

Die Körperfärbung ist oberseits grau- oder grünlicholiv, bauchseits ist sie gelblich oder weißlich; jugendliche Exemplare tragen am Rücken 10 bis 13 dunkle Querbänder und 2 bis 3 dunkle Längsstreifen an den Körperseiten. Diese Zeichnungen werden mit zunehmendem Alter undeutlicher und verwaschener oder verschwinden ganz. Manchmal finden sich wenige schwarze Flecke über den Körper verstreut. Die paarigen Flossen zeigen mehr oder weniger deutliche dunkle Bogenstreifen oder in Bogen angeordnete dunkle Punkte; die vertikalen unpaaren Flossen sind ohne Zeichnung (Fig. 17, 18).

Nil, Rudolf-See, Becken des Tschad-Sees.

2. **P. lapradei** Stnd. 1869 *P. L.*, Steindachner in: SB. Ak. Wien, *v.* 60 I p. 103 t. 1 f. 1 (Jugendform) & 2 (Kopf von oben) t. 2 f. 1 (adult., Kopf von der Seite) & 2 (adult., Kopf von oben) | 1902 *P. lapradii*, Boulenger in: P. zool. Soc. London, pars 1 p. 123 t. 10 f. 1 & 2 (Jugendformen) | 1909 *P. l.*, Boulenger, Cat. Freshw. Fish. Afr., *v.* 1 p. 7 f. 4 (Kopf von oben und von der Seite) (cop. Steindachner).

Die Länge des stark von oben nach unten zusammengedrückten Kopfes ist in der Gesamtlänge des Körpers $4\frac{1}{2}$ bis $5\frac{1}{2}$ mal enthalten, wobei der Kopf $1\frac{2}{3}$ bis $2\frac{1}{5}$ mal länger als breit ist. Der Unterkiefer ragt über die Schnauze etwas hinaus. Die Augen liegen superolateral, ihr Durchmesser ist in der Kopflänge 8 bis 12 mal enthalten. Die Interorbitalregion ist vollständig flach. Das Suboperculum ist viel größer als das Auge. Der Hinterrand der zurückgelegten Pectoralen erreicht die Insertionsstelle des 1. Rückenflossenstachels oder er reicht etwas darüber hinaus. In einer Längsschuppenreihe stehen 60 bis 68 Schuppen, zwischen dem 1. Rückenflossenstachel und dem Hinterkopfe stehen deren 11 bis 13, rund um die Körpermitte 46 bis 52. 13 bis 15 Rückenflossenstacheln, 11 bis 15 Afterflossenstrahlen. L. bis 740 mm.

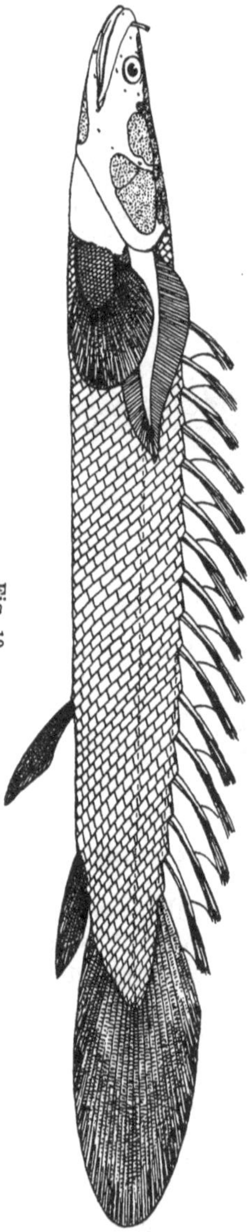

Fig. 19.
Polypterus lapradei Stnd. Jugendform. (Nach Steindachner, vereinfacht).

Die Färbung ist oberseits grau- oder gelblicholiv, an den Körperseiten heller werdend. Die

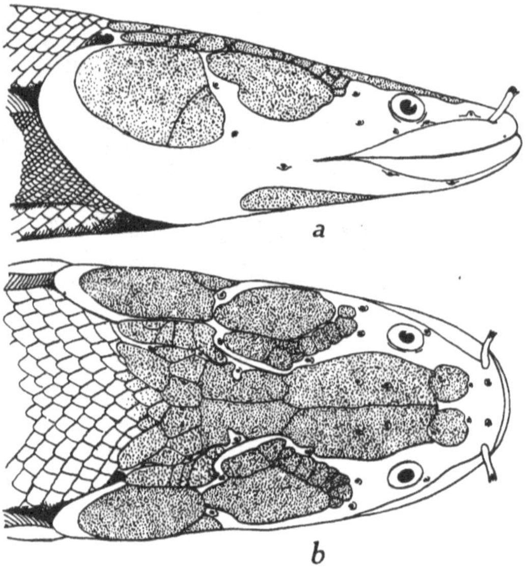

Fig. 20.
Polypterus lapradei Stnd. *a* Kopf von der Seite; *b* Kopf von oben. (Nach Steindachner, umgezeichnet).

Unterseite des Körpers ist weißlich oder gelblichweiß. Der Körper ist mit dunklen Streifen und ebensolchen mehr oder weniger deutlichen Querbändern gezeichnet. Die Flossen tragen dunkle Flecke oder Striche (Fig. 19, 20).

Niger, Senegal, Gambia.

3. **P. congicus** Blgr. 1898 *P. c.*, Boulenger in: Ann. nat. Hist., ser. 7 *v.* 2 p. 418 | 1899 *P. c.*, Boulenger in: Ann. Mus. Congo, Zool. *v.* 1 p. 62 t. 30 f. 1 | 1902 *P. c.*, Boulenger in: P. zool. Soc. London, pars 1 p. 123 t. 11 f. 1 (Jugendform) | 1909 *P. c.*, Boulenger, Cat. Freshw. Fish. Afr., *v.* 1 p. 9 f. 5.

Der Kopf ist $1^1/_2$ bis $1^3/_4$ mal so lang wie breit. Seine Länge ist in der Gesamtlänge des Körpers 4 bis 5 mal enthalten. Der Unterkiefer ragt nur wenig über die Schnauze hinaus. Die Augen liegen superolateral, ihr Durchmesser ist in der Kopflänge 8 bis 12 mal enthalten. Die Interorbitalregion ist flach; das Suboperculum ist viel größer als das Auge. Der

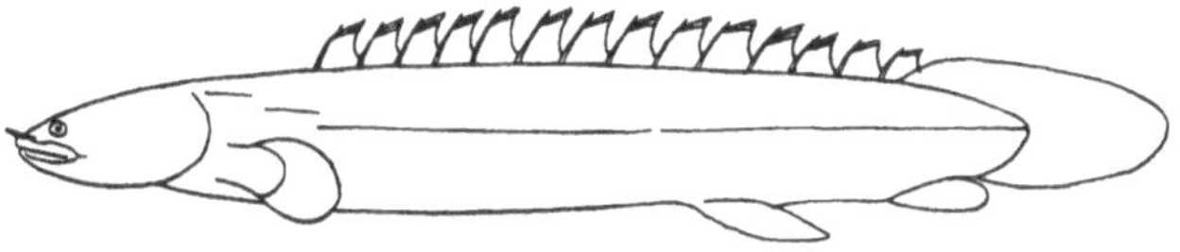

Fig. 21.
Polypterus congicus Blgr. (Nach Boulenger, vereinfacht).

Hinterrand der zurückgelegten Brustflossen reicht über die Insertionsstelle des 1. Rückenflossenstachels hinaus oder er erreicht sie zumindest. In einer Längsschuppenreihe stehen 55 bis 59 Schuppen, zwischen dem ersten Rückenflossenstachel und dem Hinterkopfe stehen deren 11 bis 15, rund um die Mitte des Körpers 46 bis 52. 12 bis 14 Rückenflossenstacheln, 12 bis 15 Afterflossenstrahlen. L. bis 720 mm.

Die Färbung ist oberseits bräunlicholiv, unterseits gelblich; über den Körper verlaufen 6 bis 8 mehr oder weniger regelmäßige, schwärzliche, schmale Querbänder; die Flossen sind schwärzlich getupft (Fig. 21).

Tanganyika-See, Kongo.

4. **P. endlicherii** Heck. 1849 *P. E.*, Heckel in: Russegger, Reis., *v.* 2 Abt. 3 p. 310 t. 22 f. 1 | 1869 *P. senegalensis* (part.), Alb. Günther in: Petherick, Travels Centr. Afr., *v.* 2 p. 268 | 1870 *P. endlicheri*, A. Duméril, Hist. nat. Poissons, *v.* 2 p. 393 t. 23 f. 3 | 1870 *P. bichir* (part.), Alb. Günther, Cat. Fish. Brit. Mus., *v.* 8 p. 326 | 1902 *P. endlicheri*, Boulenger in: P. zool. Soc. London, pars 1 p. 124 t. 11 f. 2 (Jugendform) | 1909 *P. e.*, Boulenger, Cat. Freshw. Fish. Afr., *v.* 1 p. 10 f. 6.

Der Kopf ist $1^1/_2$ bis $1^4/_5$ mal länger als breit, seine Länge ist in der Gesamtlänge des Körpers $4^2/_5$ bis $5^2/_5$ mal enthalten. Der Unterkiefer ragt über die Schnauze etwas hinaus. Die Augen liegen superolateral, ihr Durch-

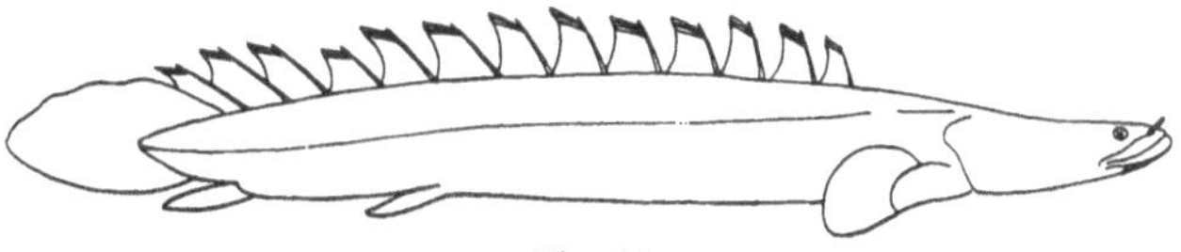

Fig. 22.
Polypterus endlicherii Heck. (Nach Boulenger, vereinfacht).

messer ist in der Kopflänge 9 bis 15 mal enthalten. Die Interorbitalregion ist flach oder sehr schwach konkav. Das Suboperculum ist viel größer als das Auge. Der Hinterrand der zurückgelegten Brustflossen erreicht die Insertionsstelle des 1. Rückenflossenstachels oder er reicht darüber hinaus. In einer Längsschuppenreihe stehen 50 bis 58 Schuppen, zwischen dem 1. Rückenflossenstachel und dem Hinterkopfe stehen deren 11 bis 15, rund um die Mitte des Körpers 42 bis 46. 11 bis 14 Rückenflossenstacheln, 15 bis 18 Afterflossenstrahlen. L. bis 630 mm.

Die Färbung ist oberseits grau oder grauoliv, unterseits ist sie weiß. Über die Körperoberseite verlaufen 4 bis 6 mehr oder weniger regelmäßige, schwärzliche, breite Bänder, die an den Körperseiten nach rückwärts gerichtet sind. Sie können sich hier in Äste teilen oder sich überhaupt in einzelne Flecke auflösen. Die Flossen sind mit dunklen Flecken gezeichnet, die auf den Brust- und Bauchflossen zu bogenförmigen Querreihen angeordnet sind, auf der Rückenflosse wellen- oder wurmförmige Linien bilden (Fig. 22).

Niger, Bahr-el-Djebel, Weißer Nil, Tschad-See.

5. **P. weeksii** Blgr. 1898 *P. w.*, Boulenger in: Ann. nat. Hist., ser. 7 *v.* 2 p. 419 | 1902 *P. w.*, Boulenger in: P. zool. Soc. London, pars 1 p. 124 t. 10 f. 3 (Jugendform) | 1909 *P. w.*, Boulenger, Cat. Freshw. Fish. Afr., *v.* 1 p. 11 f. 7 (Jugendform).

Der Kopf ist $1^1/_2$ bis $1^2/_3$ mal so lang wie breit und in der Körperlänge $4^1/_2$ bis $5^1/_2$ mal enthalten. Die Schnauze ragt wenig über den Unterkiefer hinaus. Die Augen liegen superolateral, ihr Durchmesser ist 7 bis $9^1/_2$ mal in der Kopflänge enthalten. Die Interorbitalregion ist flach. Das Suboperculum ist ein wenig kleiner oder ein wenig größer als das Auge.

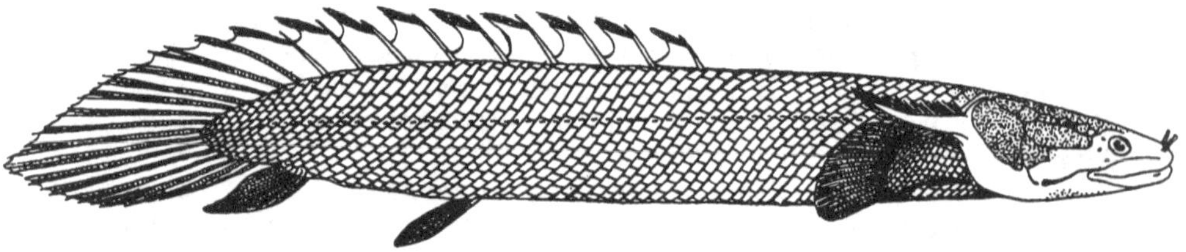

Fig. 23.
Polypterus weeksii Blgr. Jugendform. (Nach Boulenger, vereinfacht).

Der Hinterrand der zurückgelegten Brustflossen ist von der Insertionsstelle des 1. Rückenflossenstachels weit entfernt. In einer Längsschuppenreihe stehen 60 bis 65 Schuppen, zwischen dem 1. Rückenflossenstachel und dem Hinterkopfe stehen deren 22 bis 26, rund um die Körpermitte 44 bis 46. 9 bis 10 Rückenflossenstacheln, 10 bis 11 Afterflossenstrahlen. L. bis 380 mm.

Die Färbung ist oberseits oliv, unterseits ist sie gelblich; über den Rücken verlaufen 7 bis 8 schwärzliche Querbinden, deren Enden an den Körperseiten gespalten sind. Die Flossen sind schwärzlich marmoriert, getupft oder unregelmäßig gestrichelt. Jugendliche Exemplare tragen auf der Haut eines jeden einzelnen Rückenflößchens einen schwarzen Fleck (Fig. 23).

Oberer Kongo.

6. **P. ornatipinnis** Blgr. 1902 *P. o.*, Boulenger in: Ann. Mus. Congo, Zool. *v.* 2 p. 23 t. 7 f. 1 | 1909 *P. o.*, Boulenger, Cat. Freshw. Fish. Afr., *v.* 1 p. 12 f. 8.

Der Kopf ist $1^1/_2$ mal so lang wie breit. Seine Länge ist in der Körperlänge 6 mal enthalten. Die Schnauze überragt nur unbedeutend den Unterkiefer. Die Augen liegen lateral, ihr Durchmesser ist $8^1/_2$ mal in der Kopflänge enthalten. Die Interorbitalregion ist schwach konvex. Das Suboperculum ist sehr wenig größer als das Auge. Der Hinterrand der zurückgelegten Brustflossen ist weit von der Insertionsstelle des 1. Rückenflossenstachels entfernt. In einer Längsschuppenreihe stehen 62 bis 63 Schuppen, zwischen dem 1. Rückenflossenstachel und dem Hinterkopfe stehen deren 24 bis 25, rund um die Mitte des Körpers 42, 10 bis 11 Rückenflossenstacheln, 15 Afterflossenstrahlen. L. bis 370 mm.

Die Färbung ist oberseits oliv mit undeutlichen lichteren Tupfen, unterseits ist sie weißlich. Die Rückenflosse, die Lippen und die Kiemenhaut ist schwärzlich getupft, die übrigen Flossen sind mehr oder weniger bogig schwärzlich gestreift.

Oberer Kongo, Kassai-Fluß.

7. **P. delhezi** Blgr. 1899 *P. d.*, Boulenger in: Ann. Mus. Congo, Zool. *v.* 1 p. 61 t. 30 f. 2 | 1909 *P. d.*, Boulenger, Cat. Freshw. Fish. Afr., *v.* 1 p. 13 f. 9.

Der Kopf ist $1^2/_3$ bis $1^3/_4$mal so lang wie breit. Seine Länge ist in der Körperlänge $5^1/_2$ bis 6mal enthalten. Unterkiefer und Schnauze sind gleich lang. Die Augen liegen lateral, ihr Durchmesser ist $7^1/_2$mal in der Kopflänge enthalten. Die Interorbitalregion ist schwach konvex. Das Suboperculum ist so groß wie das Auge oder ein wenig größer als dieses. Der

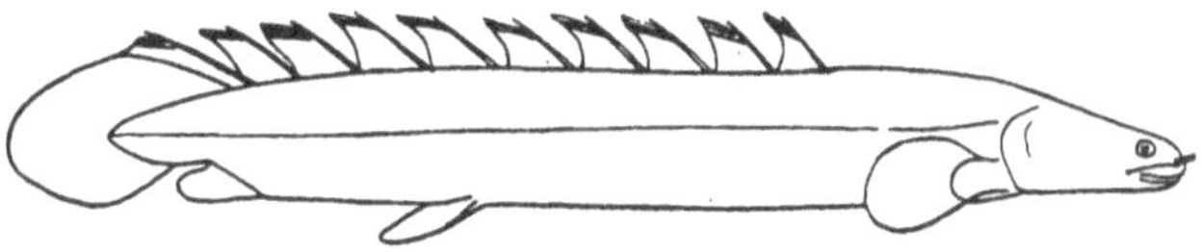

Fig. 24.
Polypterus delhezi Blgr. (Nach Boulenger, vereinfacht).

Hinterrand der zurückgelegten Brustflossen erreicht die Insertionsstelle des 1. Rückenflossenstachels oder er ist von diesem durch einen geringen Abstand getrennt. In einer Längsschuppenreihe stehen 56 Schuppen, zwischen dem 1. Rückenflossenstachel und dem Hinterkopfe stehen deren 14 bis 17, rund um die Mitte des Körpers 38, 10 bis 11 Rückenflossenstacheln, 11 Afterflossenstrahlen. L. bis 340 mm.

Die Färbung ist oberseits bräunlich, unterseits weißlich. Über den Rücken verlaufen 7 schwarze Querbänder. Die Flossen sind dunkelbraun getupft (Fig. 24).

Schari-Fluß, oberer Kongo, Leopold II.-See.

8. **P. ansorgii** Blgr. 1910 *P. a.*, Boulenger in: Ann. nat. Hist., ser. 8 *v.* 6 p. 424 | 1916 *P. a.*, Boulenger, Cat. Freshw. Fish. Afr., *v.* 4 p. 149 f. 101.

Der Kopf ist nahezu doppelt so lang wie breit. Seine Länge ist in der Körperlänge 4 bis $4^1/_4$mal enthalten. Unterkiefer und Schnauze sind gleich lang. Die Augen liegen superolateral, ihr Durchmesser ist 8mal in der Kopflänge enthalten. Die Interorbitalregion ist flach. Das Suboperculum ist nicht

Fig. 25.
Polypterus ansorgii Blgr. (Nach Boulenger, vereinfacht).

oder nur unbedeutend größer als das Auge. Der Hinterrand der zurückgelegten Brustflossen reicht etwas über die Insertionsstelle des 1. Rückenflossenstachels hinaus. In einer Längsschuppenreihe stehen 55 bis 56 Schuppen, zwischen dem 1. Rückenflossenstachel und dem Hinterkopfe stehen deren 11 bis 13, rund um die Körpermitte 42 bis 46, 13 bis 15 Rückenflossenstacheln, 12 bis 13 Afterflossenstrahlen. L. bis 205 mm.

Die Färbung ist oberseits graubraun, unterseits weißlich. Der Rücken zeigt 7 bis 8 schwarze Querbinden, die Körperseiten ebenso gefärbte Flecke; die Zahl der Flecke beträgt 11 bis 13, ihre Form ist viereckig; unterhalb dieses Fleckenbandes sind an den Körperseiten noch kleinere, unregelmäßig geformte schwärzliche Tupfen placiert, die in einer Längsreihe angeordnet sind. Die Flossen sind dunkel getüpfelt (Fig. 25).

Portugiesisch Guinea, Corbal-Fluß.

9. **P. senegalus** Cuv. 1829 *P. s.*, G. Cuvier, Règne an., ed. 2 *v.* 2 p. 330 | 1836 *P. s.*, G. Cuvier, Règne an., ed. 3 *v.* 2 p. 288 t. 105 f. 2 | 1869 *P. s.*, Steindachner in: SB. Ak. Wien, *v.* 60 I p. 106 t. 1 f. 3 (juv., Kopf von der Seite), f. 4 (juv., Kopf von oben), f. 5 (adult., Kopf von oben) | 1869 *P. senegalensis*, Alb. Günther in: Petherick, Travels Centr. Afr., *v.* 2 p. 268 | 1870 *P. senegalus* + *P. arnaudii*, A. Duméril, Hist. nat. Poissons, *v.* 2 p. 394 t. 23 f. 2 | 1870 *P. bichir* (part.), Alb. Günther, Cat. Fish. Brit. Mus., *v.* 8 p. 326 | 1870 *P. senegalensis*, Steindachner in: SB. Ak. Wien, *v.* 61 I p. 578 | 1882 *P. senegalus*, Steindachner in: Denk. Ak. Wien, *v.* 44 p. 52 t. 8 f. 2 (von der Seite) & t. 9 f. 2 (von oben) (beide Kopf und Vorderkörper) | 1896 *P. bichir* (non Geoffroy), Alb. Günther in: P. zool. Soc. London, p. 218 | 1902 *P. senegalus*, Boulenger in: P. zool. Soc. London, pars 1 p. 124 t. 11 f. 3 (Jugendform) | 1909 *P. s.*, Boulenger, Cat. Freshw. Fish. Afr., *v.* 1 p. 14 f. 10.

Die Kopflänge ist in der Gesamtlänge $5^3/_4$ bis 7 mal enthalten. Der Kopf ist $1^3/_5$ bis 2 mal so lang wie breit. Die Schnauze springt ein wenig

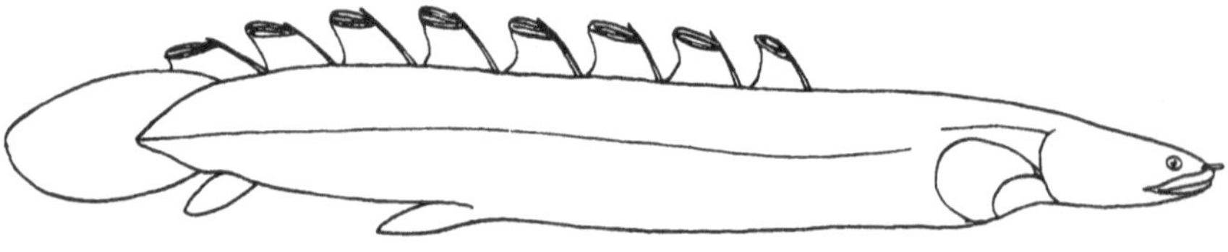

Fig. 26.
Polypterus senegalus Cuv. (Nach Boulenger, vereinfacht).

über den Unterkiefer vor. Die Augen liegen lateral, ihr Durchmesser ist in der Kopflänge 5 bis 8 mal enthalten. Die Interorbitalregion ist konvex. Das Suboperculum ist so groß oder etwas kleiner als das Auge. Der Hinterrand der zurückgelegten Brustflossen ist von der Insertionsstelle des 1. Rückenflossenstachels durch einen Abstand getrennt. In einer Längsschuppenreihe stehen 53 bis 61 Schuppen, zwischen dem 1. Rückenflossenstachel und dem Hinterkopfe stehen deren 15 bis 20, rund um die Mitte des Körpers 34 bis 40, 8 bis 11 Rückenflossenstacheln, 14 bis 17 Afterflossenstrahlen. L. bis 420 mm.

Die Färbung ist oberseits grau, oliv oder grünlich ohne Zeichnung. Unterseits ist sie weißlich bis gelblich. Die Flossen sind der Körperfärbung entsprechend einfarbig, ohne dunklere Flecke, Striche oder Punkte. Jugendliche Exemplare sind mit dunklen Längsbändern gezeichnet, die mit zunehmendem Alter verschwinden (Fig. 26).

Weißer Nil nach Süden bis zum Albert-See; Rudolf-See, Tschad-See; Senegal; Gambia; Niger.

10. **P. schoutedeni** Pellegrin 1923 *P. S.*, Pellegrin in: Rev. zool. Afr., *v.* 11 p. 296 | 1928 *P. s.*, Pellegrin in: Ann. Mus. Congo, Zool. *v.* 3 fasc. 1 p. 11 f. 1.

Der Kopf ist $1^2/_3$ bis $1^3/_4$ mal so lang wie breit, seine Länge ist in der Körperlänge $4^1/_4$ bis $4^1/_3$ mal enthalten. Schnauze und Unterkiefer sind gleich lang. Die Augen liegen lateral, ihr Durchmesser ist in der Kopflänge

6 bis $6^1/_2$ mal enthalten. Die Interorbitalregion ist schwach konvex. Das Suboperculum ist um vieles kleiner als das Auge. Der Hinterrand der zurückgelegten Brustflossen ist von der Insertionsstelle des 1. Rückenflossen-

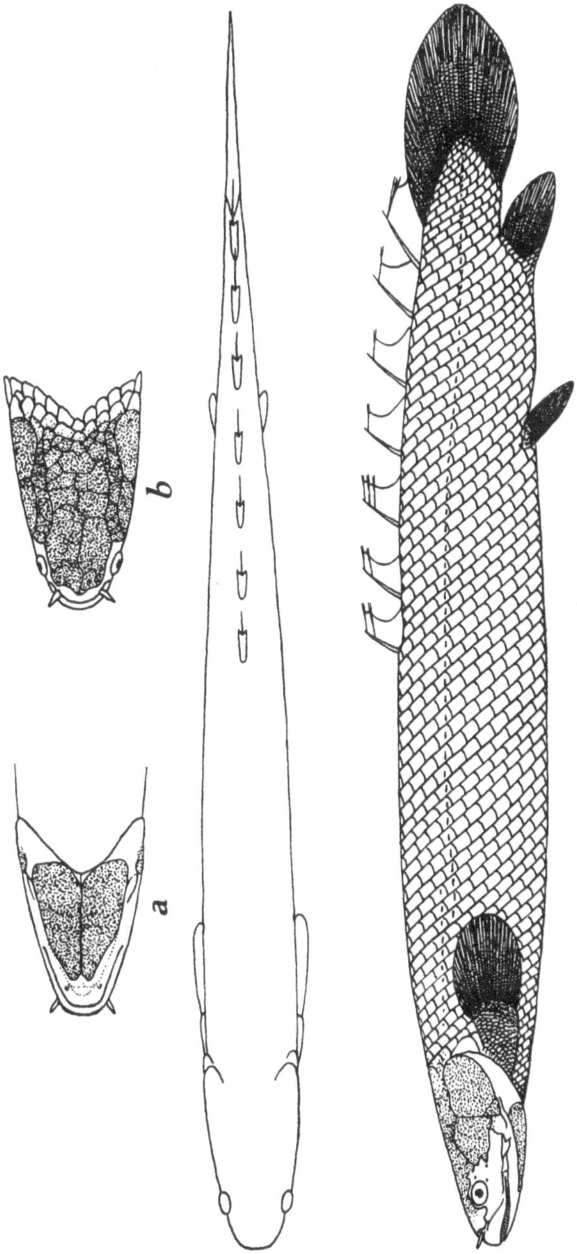

Fig. 27. **Polypterus palmas** Ayr. *a* Kopf von unten; *b* Kopf von oben. (Nach Ayres, vereinfacht).

stachels weit entfernt. In einer Längsschuppenreihe stehen 54 bis 58 Schuppen, zwischen dem 1. Rückenflossenstachel und dem Hinterkopfe stehen deren 20 bis 21, rund um die Mitte des Körpers 42 bis 44, 10 Rückenflossenstacheln, 11 bis 14 Afterflossenstrahlen. L. bis 155 mm.

Die Färbung ist oberseits braun, unterseits weißlichgrau bis gelblich; über den Rücken ziehen 12 unregelmäßige, schwarze Querbänder. Der Unterkiefer ist schwärzlich gerandet. Durch die Augen ziehen etwas schief gestellte, schwarze Querstriche. Die Haut eines jeden einzelnen Rückenflößchens trägt einen schwarzen Tupfen. Die weichstrahligen Teile der Rücken- und Schwanzflosse sind bräunlich gefleckt oder gestrichelt. Der muskulöse Basisteil der Brustflossen trägt einen großen ovalen, schwarzen Fleck.

Mongende am Kongo; Kassai-Fluß.

11. **P. palmas** Ayr. 1850 *P. p.*, Ayres in: P. Boston Soc., *v.* 3 p. 181 | 1850 *P. p.*, Ayres in: Boston J. nat. Hist., *v.* 6 p. 241 t. 6 f. 1, 2, 3 (Kopf von unten), 4 (Kopf von oben), 5 (geöffneter Mund), 6 (Caudale), 7 (Schuppe), 8 & 9 (Eingeweide) | 1870 *P. bichir* (part.), Alb. Günther, Cat. Fish. Brit. Mus., *v.* 8 p. 327 | 1891 *P. büttikoferi*, Steindachner in: Not. Leyden Mus., *v.* 13 p. 179 | 1902 *P. palmas*, Boulenger in: P. zool. Soc. London, pars 1 p. 125 t. 11 f. 4 (Jugendform) | 1909 *P. p.*, Boulenger, Cat. Freshw. Fish. Afr., *v.* 1 p. 16 f. 11 (cop. Ayres).

Der Kopf ist $1^2/_3$ bis 2 mal so lang wie breit, seine Länge ist in der Körperlänge $4^1/_2$ bis $5^2/_3$ mal enthalten. Die Schnauze springt über den Unterkiefer vor. Die Augen liegen lateral, ihr Durchmesser ist in der Kopflänge 5 bis 7 mal enthalten. Die Interorbitalregion ist konvex. Das Suboperculum ist nicht größer als das Auge. Der Hinterrand der zurückgelegten Brustflossen ist von der Insertionsstelle des 1. Rückenflossenstachels weit entfernt. In einer Längsschuppenreihe stehen 52 bis 56 Schuppen, zwischen dem 1. Rückenflossenstachel und dem Hinterkopfe stehen deren 23 bis 26, rund um die Mitte des Körpers 36 bis 40, 5 bis 9 Rückenflossenstacheln, 12 bis 15 Afterflossenstrahlen. L. bis 300 mm.

Die Färbung ist oberseits grau oder bräunlich, unterseits gelblich; jugendliche Exemplare tragen am Rücken zahlreiche dunkle Streifen oder sind dunkel marmoriert, oder sie zeigen eine Netzung dunklerer Farbtöne, die an den Körperseiten rundliche, gelbliche Flecke durchtreten läßt. Dieses Jugendfarbkleid wird mit zunehmendem Alter verwaschen und undeutlich. Die Flossen sind schwärzlich getupft. Die muskulöse Basis der Brustflossen trägt einen großen, ovalen, schwärzlichen Fleck (Fig. 27).

Kongo; Sierra Leone; Liberia.

12. **P. lowei** Blgr. 1911 *P. l.*, Boulenger in: Ann. nat. Hist., ser. 8 *v.* 7 p. 377 | 1916 *P. l.*, Boulenger, Cat. Freshw. Fish. Afr., *v.* 4 p. 151 f. 102.

Der Kopf ist $1^2/_3$ bis $1^3/_4$ mal so lang wie breit, seine Länge ist in der Körperlänge 6 mal enthalten. Die Schnauze ragt etwas über den Unter-

Fig. 28.
Polypterus lowei Blgr. (Nach Boulenger, vereinfacht).

kiefer hinaus. Die Augen liegen lateral, ihr Durchmesser ist in der Kopflänge 7 bis 9 mal enthalten. Die Interorbitalregion ist konvex; das Suboperculum ist ein wenig kleiner als das Auge. Der Hinterrand der zurückgelegten Brustflossen ist von der Insertionsstelle des 1. Rückenflossenstachels weit entfernt. In einer Längsschuppenreihe stehen 55 bis 60 Schuppen, zwischen dem 1. Rückenflossenstachel und dem Hinterkopfe stehen deren 30 bis 33, rund um die Mitte des Körpers 36 bis 38, 7 bis 9 Rückenflossenstacheln, 12 bis 13 Afterflossenstrahlen. L. bis 223 mm.

Die Färbung ist oberseits dunkeloliv, unterseits gelblich. Der Rücken und die oberen Teile der Körperseiten sind schwärzlich getupft oder marmoriert. Dieselbe Zeichnung tragen die Membranen der Rückenflossen (Fig. 28).

Dscha-Fluß, Südkamerun; Liberia.

13. **P. retropinnis** L. Vaill. 1899 *P. r.*, L. Vaillant in: Bull. Mus. Paris, *v.* 5 p. 219 | 1909 *P. r.*, Boulenger, Cat. Freshw. Fish. Afr., *v.* 1 p. 17 f. 12.

Der Kopf ist $1^2/_3$ mal so lang wie breit, seine Länge ist in der Körperlänge $5^3/_4$ bis $6^1/_2$ mal enthalten. Die Schnauze ragt über den Unterkiefer hinaus. Die Augen liegen lateral, ihr Durchmesser ist in der Kopflänge $6^1/_2$ bis 8 mal enthalten. Die Interorbitalregion ist konvex. Das Suboperculum ist kleiner als das Auge. Der Hinterrand der zurückgelegten Brustflossen ist von der Insertionsstelle des 1. Rückenflossenstachels weit entfernt. In

Fig. 29.
Polypterus retropinnis L. Vaill. (Nach Boulenger, vereinfacht).

einer Längsschuppenreihe stehen 58 bis 59 Schuppen, zwischen dem 1. Rückenflossenstachel und dem Hinterkopfe stehen deren 35 bis 37, rund um die Mitte des Körpers 32 bis 36, 6 bis 7 Rückenflossenstacheln, 12 bis 15 Afterflossenstrahlen. L. bis 230 mm.

Die Färbung ist oberseits grauoliv, unterseits ist sie weißlich. Über den Rücken verlaufen mehr oder weniger deutliche, dunkle Querbänder. Die Membran der einzelnen Rückenflossen trägt manchmal einen schwarzen Fleck. Auf der muskulösen Basis der Brustflossen befindet sich ein großer schwarzer Fleck, der strahlige Teil dieser Flossen trägt mehr oder weniger deutliche, dunkle, bogenförmige Streifen (Fig. 29).

Oberer Kongo, Alima-Fluß.

2. Gen. **Calamoichthys** J. A. Smith

1865 *Erpetoichthys*, J. A. Smith in: P. R. phys. Soc. Edinb., *v.* 3 p. 273 | 1866 *Calamoichthys*, J. A. Smith in: P. R. Soc. Edinb., *v.* 5 p. 655 & Ann. nat. Hist., ser. 3 *v.* 18 p. 113 | 1866 *Calamosichthys*, in: P. R. Soc. Edinb., *v.* 5 (Index) p. 667 | 1866 *Herpetoichthys* (non Kaup), Alb. Günther in: Zool. Rec., *v.* 2 p. 208 | 1867 *Calamichthys*, P. Gervais in: Rev. Mag. Zool., ser. 2 *v.* 19 p. 236 | 1870 *Calamoichthys*, A. Duméril, Hist. nat. Poissons, *v.* 2 p. 397 | 1870 *C.*, Alb. Günther, Cat. Fish. Brit. Mus., *v.* 8 p. 327 | 1909 *Calamichthys*, Boulenger, Cat. Freshw. Fish. Afr., *v.* 1 p. 17.

Der Körper ist sehr langgestreckt, von rundem Querschnitt die Bauchflossen fehlen vollständig; das Suboperculum ist winzig klein oder fehlt. Die Kiefer tragen kleine konische Zähne; an den Stacheln der einzelnen Rückenflossen entspringt nur ein einziger, die Flossenhaut stützender gegliederter Strahl.

Tropisches Westafrika.

Eine einzige Art.

1. **C. calabaricus** (J. A. Smith) 1865 *Erpetoichthys c.*, J. A. Smith in: P. R. phys. Soc. Edinb., *v.* 3 p. 278 | 1866 *Calamoichthys c.*, J. A. Smith in: P. R. Soc. Edinb., *v.* 5 p. 656 | 1866 *C. c.*, J. A. Smith in: Tr. R. Soc. Edinb., *v.* 24 p. 461 t. 31 & 32 | 1866 *Herpetoichthys c.*, Alb. Günther in: Zool. Rec., *v.* 2 p. 208 | 1867 *Calamichthys c.*, P. Gervais in: Rev. Mag. Zool., ser. 2 *v.* 18 p. 236 | 1870 *Calamoichthys c.*, A. Duméril, Hist. nat. Poissons, *v.* 2 p. 397 t. 24 f. 1 | 1870 *C. c.*, Alb. Günther, Cat. Fish. Brit. Mus., *v.* 8 p. 328 | 1909 *Calamichthys c.*, Boulenger, Cat. Freshw. Fish. Afr., *v.* 1 p. 18.

Der kleine, von oben nach unten schwach kompresse Kopf ist $1^2/_3$ bis 2mal so lang wie breit, seine Länge ist in der Körperlänge 11 bis 14mal enthalten. Die Schnauze springt etwas über den Unterkiefer vor. Die Augen

Fig. 30.
Calamoichthys calabaricus J. A. Smith. (Nach Dean).

liegen lateral, ihr Durchmesser ist in der Kopflänge $7^1/_2$ bis $8^1/_2$mal enthalten. In einer Längsschuppenreihe stehen 106 bis 114 Schuppen, rund um die Körpermitte stehen deren 30 bis 34, 7 bis 13 Rückenflossenstacheln. Die einzelnen Flößchen sind weit voneinander getrennt. Die Afterflosse mit 9 bis 14 Weichstrahlen. L. bis 370 mm.

Die Färbung ist oberseits olivbraun, unterseits gelblich. Die Brustflossen tragen einen großen, schwärzlichen Fleck; sonst wird keinerlei Zeichnung am Körper beobachtet (Fig. 30).

Niger-Delta; Old Calabar; Kamerun.

Alphabetisches Register

Nomenclator generum et subgenerum

von W. F. Reinig

Calamichthys [pro *Calamoichthys* J. A. Smith 1866] P. Gervais 1867 in: Rev. Mag. Zool., ser. 2 *v.* 19 p. 236.

Calamoichthys pro *Erpetoichthys* J. A. Smith 1865 J. A. Smith 1866 in: P. R. Soc. Edinb., *v.* 5 p. 655. Sp.: *C. calabaricus.*

Calamosichthys [pro *Calamoichthys* J. A. Smith 1866] 1866 in: P. R. Soc. Edinb., *v.* 5 Index p. 667.

Erpetoichthys J. A. Smith 1865 in: P. R. phys. Soc. Edinb., p. 273. Sp.: *E. calabaricus.*

Herpetoichthys J. Kaup 1856 in: Arch. Naturg., *v.* 22 I p. 44. Pisc. Teleost.

Herpetoichthys (non J. Kaup 1856) pro *Erpetoichthys* J. A. Smith 1865 Alb. Günther 1866 in: Zool. Rec., *v.* 2 p. 208.

Polypterus Lacépède 1803, Hist. Poissons, *v.* 5 p. 340. Sp.: *P. bichir.*

FSC
www.fsc.org
MIX
Papier | Fördert
gute Waldnutzung
FSC® C083411

Kolibri 360 GmbH
Ferdinand-Jühlke-Straße 7
99095 Erfurt, Deutschland
produktsicherheit@kolibri360.de